識安全有禮貌叢書

我會搭飛機

修訂版

新雅文化事業有限公司
www.sunya.com.hk

乘搭飛機前要準備什麼呢？為什麼乘搭飛機時應該時刻佩戴安全帶呢？為什麼在飛機上要聽從空中服務員的指示呢？在飛機上可以做些什麼呢？小朋友，你想知道這些嗎？快來參與這次「飛機小旅程」，學做一個**守規矩、有禮貌、懂安全**的交通大使！

·整裝待發·

乘搭飛機到外國前，千萬不要忘記攜帶護照和機票。

護照是一種旅遊證件，就好像一本出入世界各地的通行證，沒有它什麼地方也去不了呢！

機票是透過旅行社或航空公司訂購的飛機座位。每班飛機的座位有限，所以旅客一般會預早訂購機票。

不同國家或地區簽發的護照都不同，但都載有旅客的個人資料，並記錄了旅客的出入境資料。

出發前旅客要先了解目的地的天氣狀況，然後準備適合的衣服及個人物品。請根據旅客前往的目的地，從貼紙頁中選出適當的衣服及個人物品貼紙貼在行李箱內。

我們正準備前往澳洲，
現在當地天氣很冷呢！

想一想

家長可與孩子談談為何不可以把心愛的玩具全都放進行李箱，並藉此向孩子介紹寄艙行李是有重量限制的，所以收拾行李時必須作出取捨。

除寄艙行李外，旅客也可以攜帶手提行李上飛機。請從貼紙頁中選出適當的物品貼紙貼在手提行李袋內。

手提行李內是不可以放置任何尖銳或危險的物品的，而液體則必須裝入小型容器內，並放進密封的透明膠袋。

·離境機場·

來到機場，乘客可先查看航班顯示屏，看看在哪個櫃位辦理登機手續及航班的時間有沒有改變。辦理登機手續後，乘客要記着取回護照及登機證。

這是登機證。

ECONOMY CLASS
BOARDING PASS
CHAN / SUN YA MS
KA123 11AUG
GATE 5
SEAT 33A
SYDNEY
Please be at boarding gate BEFORE 10:10
Otherwise you may not be accepted for travel.
KATHY AIRLINE
CHAN / SUN YA MS
Sydney
KA123 11AUG
BN:1 DEP: 10:40
123456789 KAFFP
33A
登機閘口編號
飛機上的座位編號

乘客手持有效的護照和登機證進入禁區後，便要通過海關的安全檢查。下圖有 3 位乘客未能順利通過安全檢查，請把他們圈出來，並說說為什麼。

在香港國際機場裏設有
不少便利旅客的設施，
大家一起來看看吧！

兒童遊戲區：供兒童乘客於候機期間稍作遊戲。

飲水設施：設有冷熱飲水設施，讓旅客可自備容器盛載飲用水。

自助商店：旅客可以隨時選購包裝食品、飲品及紀念品。

充電設施：設置不同類型的充電插座，方便旅客為個人電子裝置充電。

淋浴設施：設有淋浴設施，方便轉機或乘搭長途航線的旅客消除疲勞。

登機

乘客應按照登機證上的登機閘口編號及登機時間，提早來到登機閘等候上機。請根據以下乘客的座位編號，從貼紙頁中選出乘客貼紙貼在正確的座位上。

頭等客位
1A
商務客位
17D
特選經濟客位
23H
經濟客位
33B
經濟客位
33A

1K
1J
1A
2K
2J
2B
2A
3K
3J
3B
3A
4K
4J
4E
4A
10C
10B
10A

每位乘客只可佔用一個座位，攜帶的手提行李一般放在客艙上方的行李櫃，少量的個人物品（如圖書）則可放在前座椅背的雜誌袋裏。

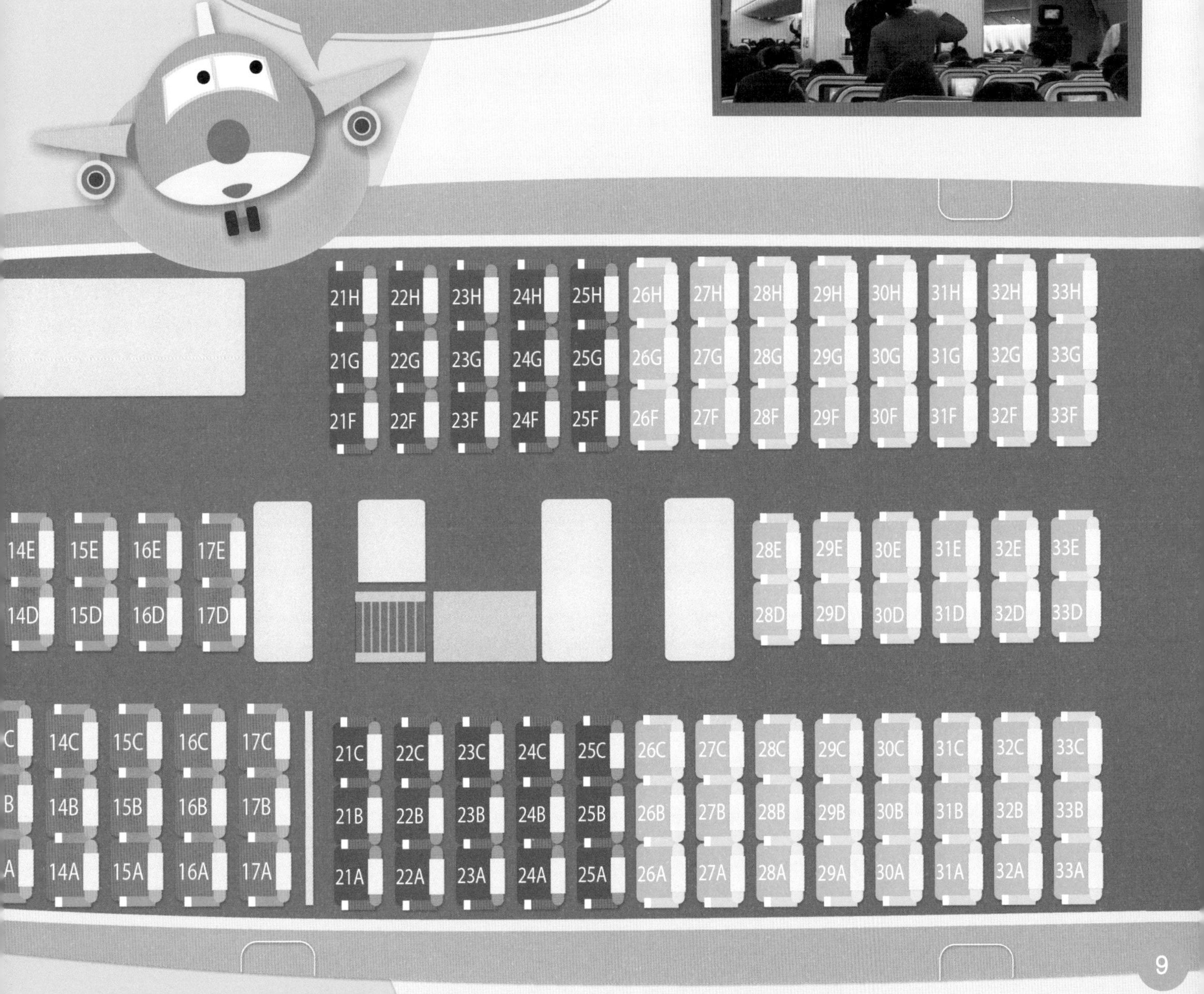

·飛機起飛·

飛機快要起飛了，乘客應返回自己的座位扣上及拉緊安全帶，並收拾小桌子和調節椅背至垂直的位置。請看看以下的乘客，給做得對的乘客貼上貼紙，給做得不對的乘客貼上貼紙。

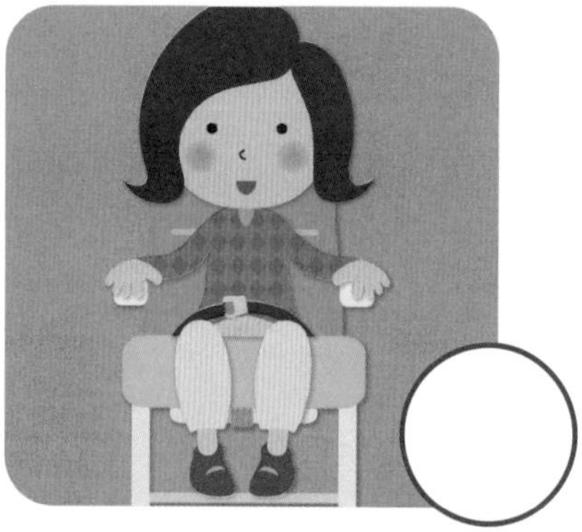
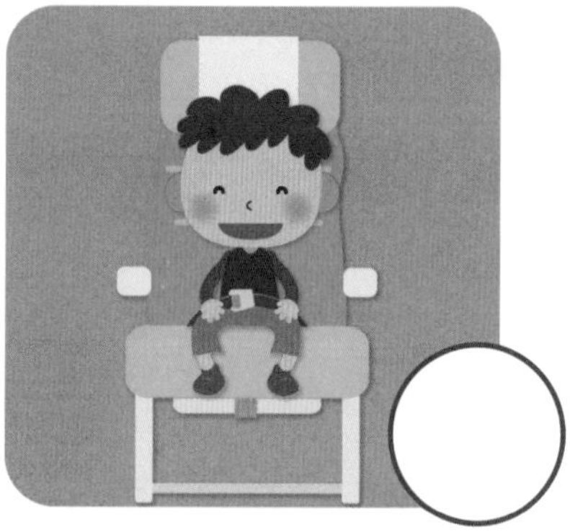

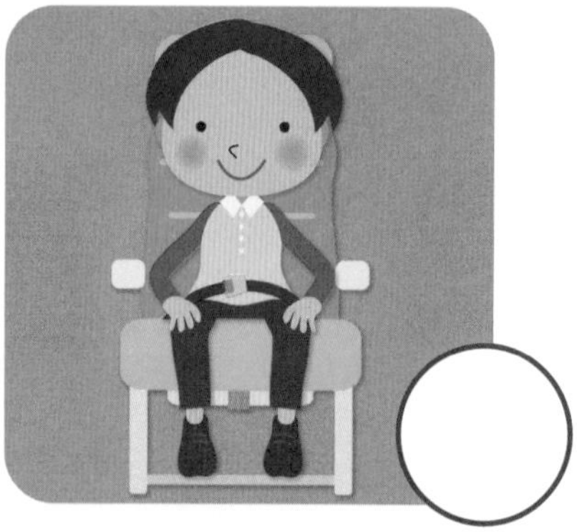

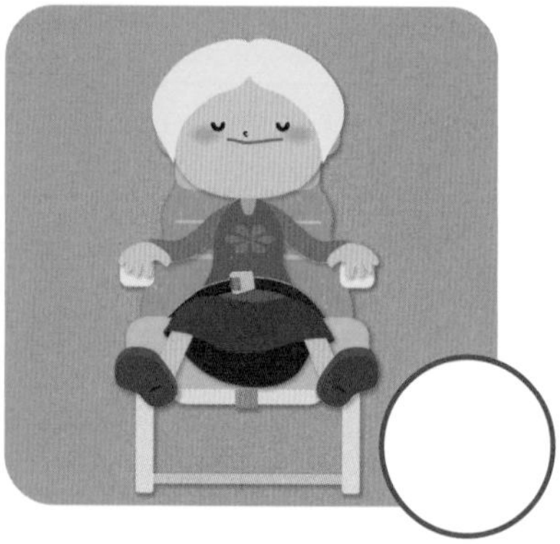

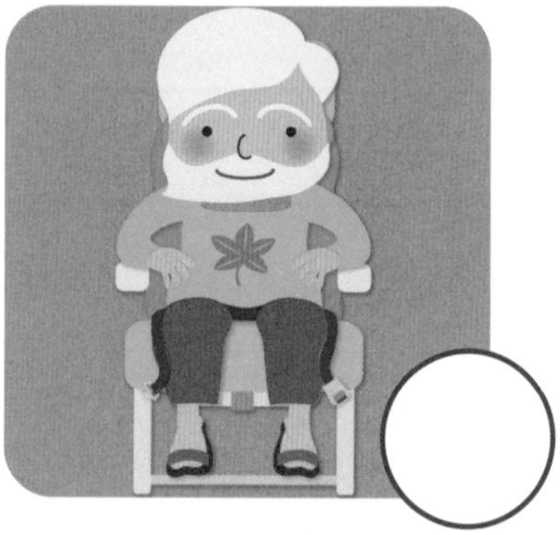

飛機起飛前，乘客應關掉智能電話、平板電腦等電子產品，以免干擾飛機航行。待飛機順利起飛後，乘客可在「飛行模式」下使用這些電子產品。請看看以下圖示，哪個是代表「飛行模式」呢？請在正確答案的 □ 內加 ✓。

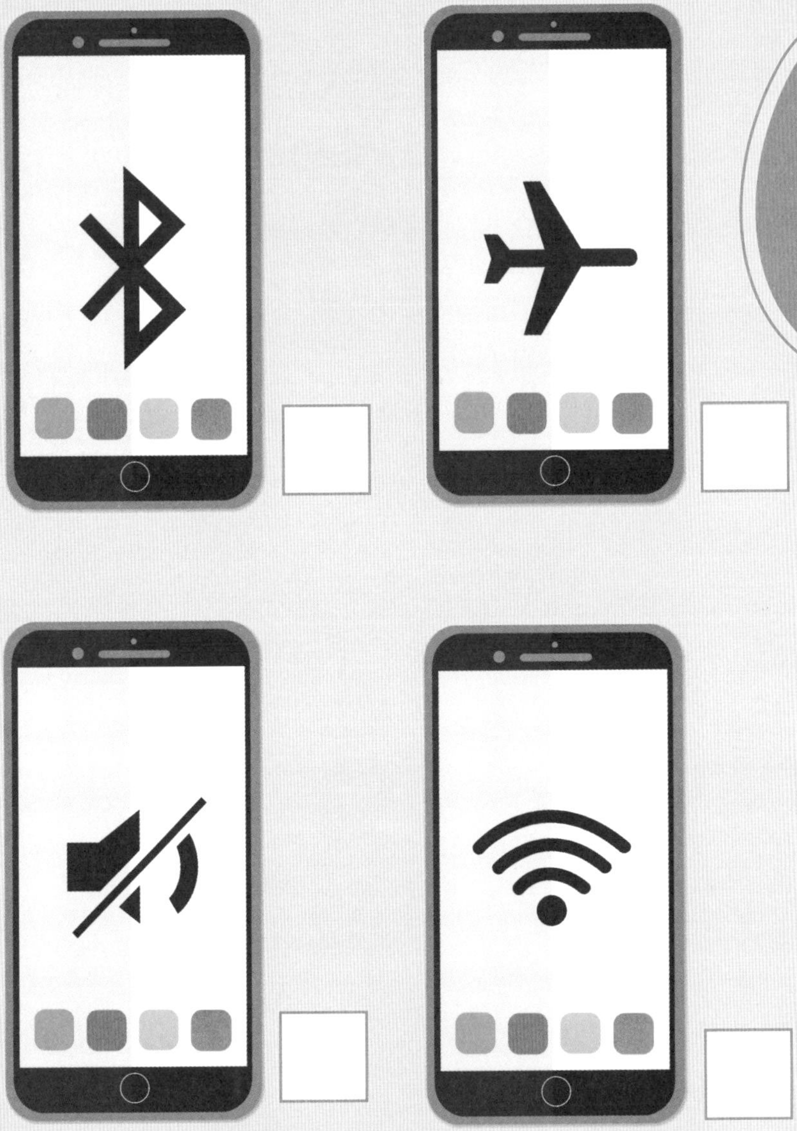

小朋友，如果你是首次乘搭飛機，難免會有點緊張，但不要緊的，只要扣上及拉緊安全帶，握着同行成人的手就沒事了！如果不適應機內的氣壓而感到耳朵不舒服，可試試第 16 頁的方法。

・機上安全・

在航程中，飛機偶然會因遇到氣流或惡劣天氣而搖晃，所以乘客在座位時應時刻扣上及拉緊安全帶。如果遇上緊急的情況，空中服務員會指示乘客採取防止衝擊的姿勢。請看看下圖，說一說哪種姿勢適合小朋友。

前傾姿勢

1. 雙腿打開至肩寬。
2. 雙臂交叉，手抓住前座。
3. 上半身彎曲，額頭置於交叉的手臂上。

前屈姿勢

1. 雙腿打開至肩寬。
2. 身體向前屈曲。
3. 雙手握住腳踝或抱膝。

孕婦的防止衝擊姿勢

1. 安全帶繫於下腹部。
2. 採取前傾姿勢。

兒童的防止衝擊姿勢

1. 將頭放進雙腿間。
2. 雙手抓住腳踝。

在緊急逃生的情況下，空中服務員會開啟機上的逃生門及逃生滑梯。使用逃生滑梯時，乘客不可攜帶任何行李，並必須脫下尖銳的物品。請在 □ 內填上 1 至 3，顯示使用逃生滑梯的正確步驟。（1 代表最先，3 代表最後。）

着地後，迅速離開逃生滑梯和遠離飛機。

在逃生滑梯上滑行時，保持前傾姿勢。

雙手握拳向前伸，跳向逃生滑梯。

飛機上還有其他救生用品，如救生衣、氧氣罩。如果想知道這些物品的使用方法，乘客可留意機上的示範或查看椅背雜誌袋內的「安全須知」卡。

·機上活動·

在飛機上，乘客們可以做些什麼事情消磨時間呢？以下是一些可進行的活動，請把你喜歡的活動旁的♡填上顏色。

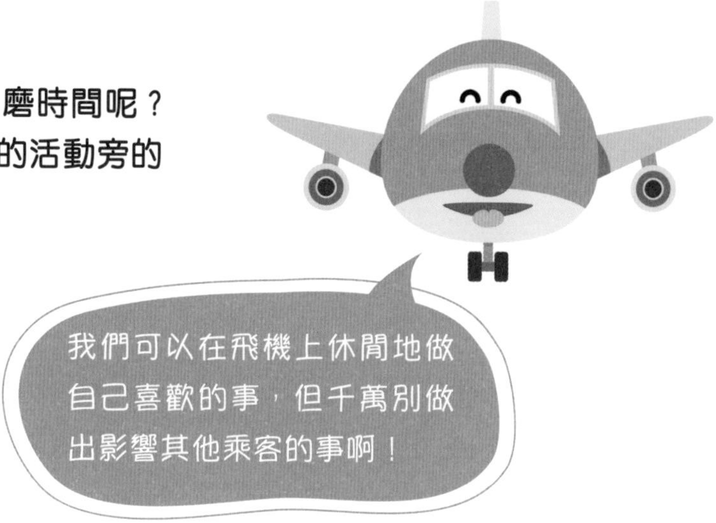
我們可以在飛機上休閒地做自己喜歡的事，但千萬別做出影響其他乘客的事啊！

在飛機上長時間坐着，乘客除了可以伸伸懶腰外，還可以做做以下的伸展活動來舒展身體。

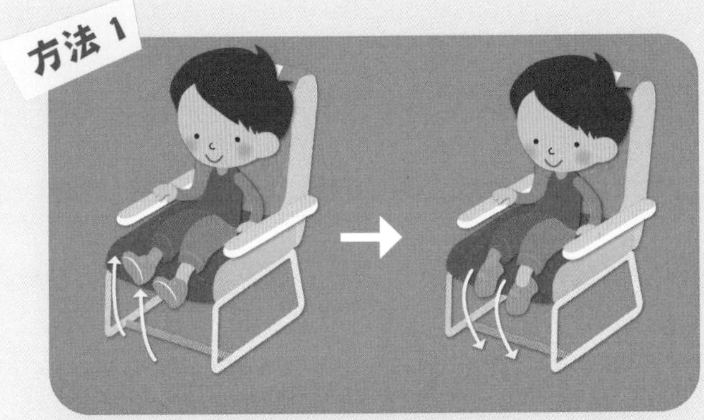
方法 1

調校椅背至垂直的位置，彎曲腳掌，先向上，再向下，重複此動作 **5** 次。

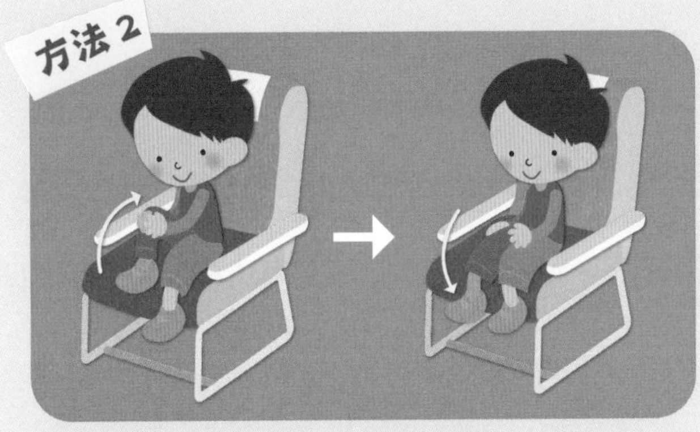
方法 2

上半身微微向前傾，雙手抱着一邊膝蓋，並慢慢拉向胸前，維持動作數秒。雙腳輪流重複此動作 **5** 次。

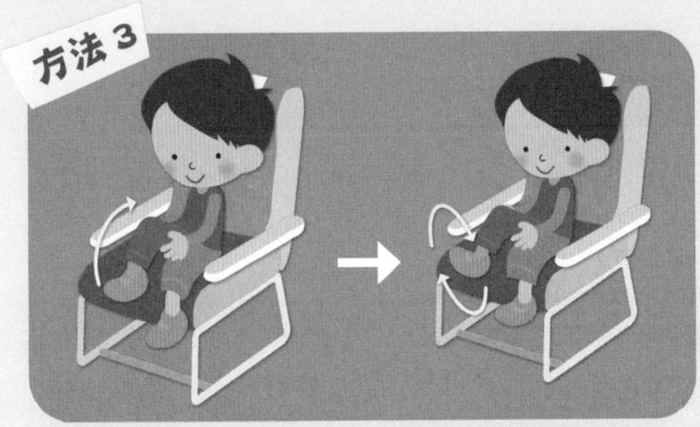
方法 3

雙手放在一邊大腿下，提起大腿拉向胸前，然後轉動腳踝 **5** 秒。雙腳輪流重複此動作 **5** 次。

來找一張椅子坐下，
跟着做一次吧！

·機上調適·

飛機上的氣壓與地面不同，有些乘客會感到耳朵不適或耳痛。

如果遇上這些情況，可試試以下的方法。

方法 1

吞嚥數次

方法 2
呵……

打呵欠數次

方法 3
噗！

閉起雙唇，捏着鼻子吹氣，直至耳朵出現「噗」一聲為止。

飛機上比較乾燥，乘客可自備小瓶的潤膚霜來滋潤皮膚。

有些乘客乘搭飛機時會因不適應而出現「暈機」的徵狀。請看看有什麼舒緩的方法。

舒緩暈機的方法

坐在靠窗的座位。

坐在靠近機翼位置的座位。

將視線集中在地面。

如有需要，可於出發前服用防止暈機的藥物，但必須先與醫生商量。

如果在飛機上出現暈機並想嘔吐，乘客可從前座椅背的雜誌袋取出嘔吐袋使用或向空中服務員索取嘔吐袋。

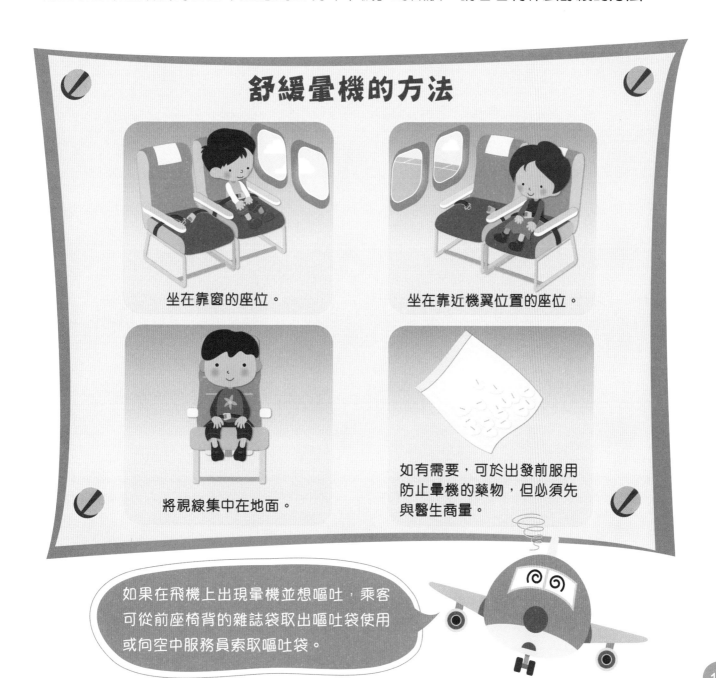

·機上清潔·

一般來說，飛機上都會供應一些飲品、小食或飛機餐予乘客享用。一起來看看乘客怎樣在飛機上進餐，並保持清潔。

1

調校椅背至垂直的位置，並放下前座椅背的小桌子。

2

耐心地和有禮地等候空中服務員派餐。

3

小心地進食，並保持清潔。

4

進食完後，待空中服務員來收拾餐具。

5

收起小桌子。

以下是一些有關保持飛機清潔衞生的標誌。你還想到其他保持飛機清潔的方法嗎？請在框內設計一款標誌來提醒乘客。

不要在飛機上吸煙。

把垃圾放在垃圾箱。

不要把衞生紙或其他物品丟進座廁。

·機上禮貌·

飛機上的座位已內置了娛樂系統，提供電影、音樂、遊戲等予乘客消磨時間。乘客如有其他需要，可向空中服務員提出。空中服務員一般通曉多種語言，例如廣東話、普通話及英語等等，大家一起來學習怎樣有禮地向空中服務員提出請求吧。

1 Can I have a blanket / a pillow / some water / some juice please?
請問可以給我一張毛毯／一個枕頭／一杯水／一杯果汁嗎？

2 Here you are.
這是你要的毛毯／枕頭／水／果汁。

3 Thank you.
謝謝。

4 You are welcome.
不客氣。

如要以英語向空中服務員尋求協助時，可以說「Excuse me.」等待對方回應。如果聽不明白空中服務員的話，可以說「Pardon me.」或「Sorry?」，請對方再說一遍。

飛機上的空間有限，乘客們應互相體諒。請從貼紙頁中選出⊗貼紙貼在◯內，提醒乘客避免做出以下行為。

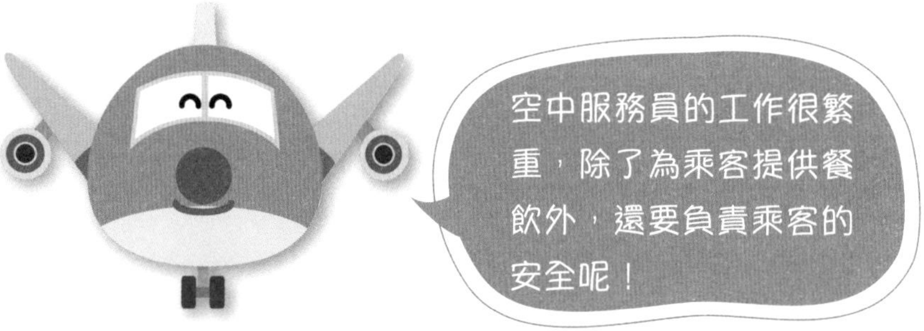
空中服務員的工作很繁重，除了為乘客提供餐飲外，還要負責乘客的安全呢！

拒絕做不受歡迎的乘客

避免阻塞通道。

避免經常開啟行李櫃。

避免頂撞或依靠在其他乘客的座椅。

避免催促或經常向空中服務員提出煩瑣要求。

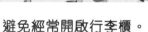

・飛機降落・

飛機快要降落了，乘客應返回自己的座位扣上及拉緊安全帶，並收拾小桌子和調節椅背至垂直的位置。機長會透過廣播報告當地的時間及天氣，並提醒乘客關掉智能電話、平板電腦等電子產品。

離開機艙前，乘客記着收拾個人物品，以及從行李櫃取回手提行李。

請看看下圖，在乘客應該帶走的物品的 ☐ 內加 ✓，
在不應該帶走的物品的 ☐ 內加 ✗。

護照
PASSPORT

☐ 護照

☐ 玩具

☐ 飛機上的枕頭

☐ 手提行李

☐ 飛機上的餐具

☐ 飛機上的毛毯

離開飛機時，乘客向空中服務員表示多謝。其實除了空中服務員外，駕駛艙內的機長和副機長也一直緊守崗位。請從貼紙頁中選出「**Thank you!**」貼紙貼在　　內，謝謝每位工作人員為乘客服務。

Cabin crew
Cabin crew
First officer
Captain
Cabin crew
Cabin crew

·入境機場·

正式進入另一個國家或地區前，乘客必須通過入境海關的檢查。一起來學習怎樣回應海關人員的提問。

1 Welcome to Australia. May I see your passport please?
歡迎來到澳洲，請給我看看你們的護照。

2 Sure. Here you are.
好，這是我們的護照。

3 Where are you coming from? What's the purpose of your visit?
你們來自哪裏？這次旅程是為了什麼？

4 We are coming from Hong Kong. We are here on vacation.
我們來自香港，這次是來度假的。

5 Do you have anything to declare?
你們有東西要申報嗎？

6 No.
沒有。

7 Enjoy your stay.
祝你旅程愉快。

8 Thank you.
謝謝。

通過海關後，乘客來到領取行李處領取行李。請把乘客和他們的行李用線連起來，這樣他們便可離開機場正式展開旅程了。

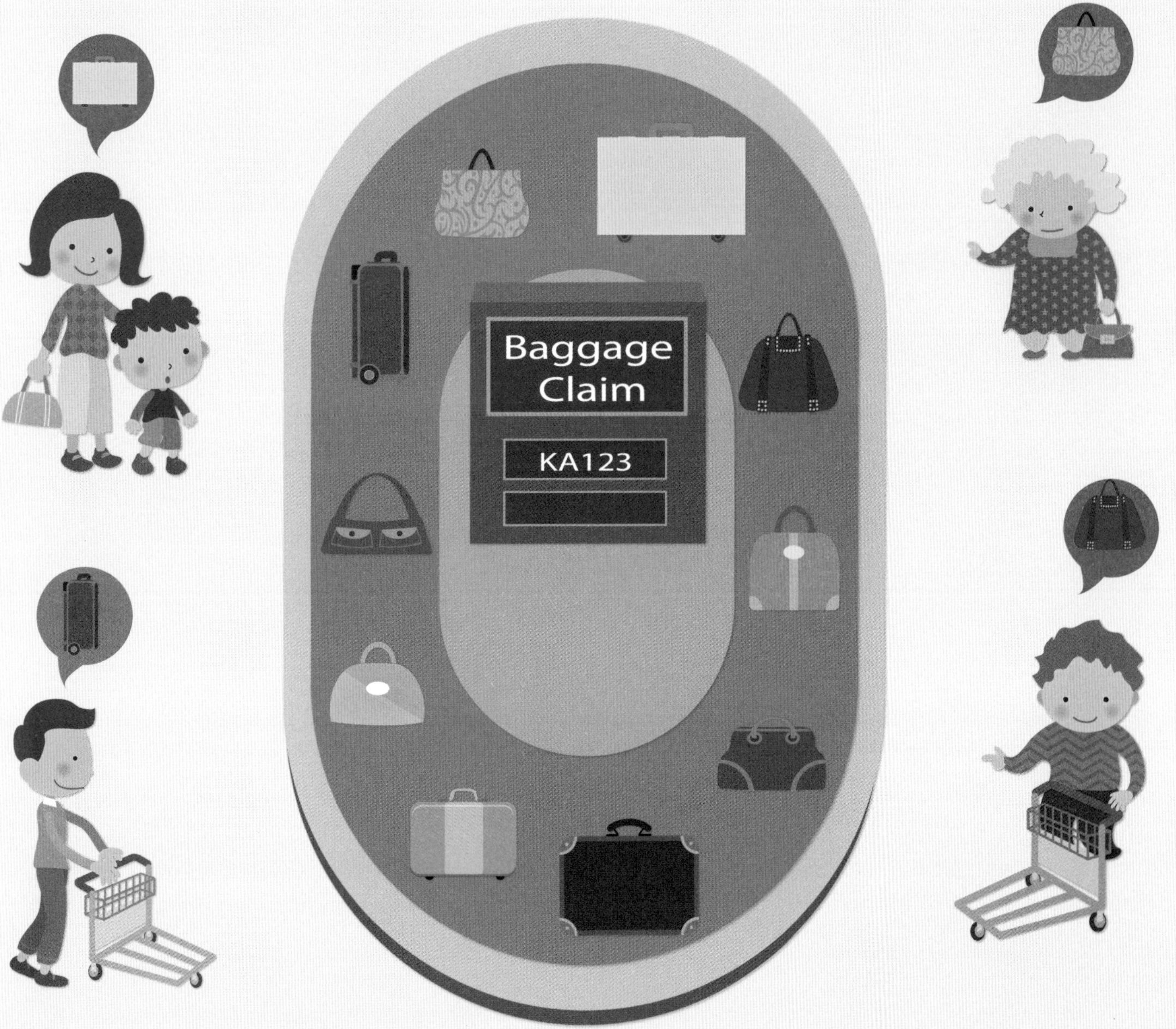

·飛機知多點·

當你踏入香港國際機場的離境大堂時，有沒有留意到天花板上懸掛了一架古色古香的飛機呢？它名叫「沙田精神號」，跟香港的航空歷史大有關係呢！

1911 年，比利時飛行家查爾斯·温得邦（Charles Van den Born）來到香港，駕駛費文雙翼機在沙田上空試飛成功。這次是香港歷史上第一次的動力飛行。

1998 年，為了應付更大的客運量，香港政府在大嶼山赤鱲角興建新機場，也就是現在的香港國際機場。在新機場開幕典禮上，仿照費文雙翼機製成的「沙田精神號」進行了一場飛行表演，以紀念香港的飛行歷史。表演完結後，「沙田精神號」便一直懸掛在香港國際機場一號客運大樓的天花板上，繼續見證香港飛行史的變遷。

位於香港國際機場的「沙田精神號」

請看看以下的空中交通工具，它們的外形是怎樣的？你曾經在機場或空中見過它們嗎？請說說看。

·我的旅程·

小朋友，你是否已學會做一個守規矩、有禮貌、懂安全的交通大使？
你有信心計劃一次旅程嗎？來試試吧！

姓名：

同行乘客 ________ 位

目的地 □日本 □韓國 □美國 □澳洲 □英國

□其他：________

目的地天氣 □炎熱 □溫和 □清涼 □寒冷

□其他：________

航空公司名稱 ________

去程		回程	
日期	____年____月____日	日期	____年____月____日
航班編號		航班編號	
航班時間		航班時間	

請繪畫你在飛機上的所見所聞，例如：為你服務的空中服務員、從窗外看到的高空風景等。

請繪畫你所乘搭的飛機。可留意機尾上的航空公司標誌、機翼位置有多少個引擎、機身是巨大還是細長的等。

·飛機遊戲棋·

預備工作

1. 請參看 P.33 預備骰子。
2. 請參看 P.35 預備棋子。
3. 請參看 P.37 預備挑戰卡。
4. 請參看拉頁預備棋盤。

在這個遊戲中，孩子可以：

1. 重溫乘搭飛機的安全守則，加強安全意識。
2. 重溫乘搭飛機的禮儀，培養有禮貌的行為。
3. 從投擲骰子中按點數前進，並學習遵守遊戲規則。

人數：2至4人

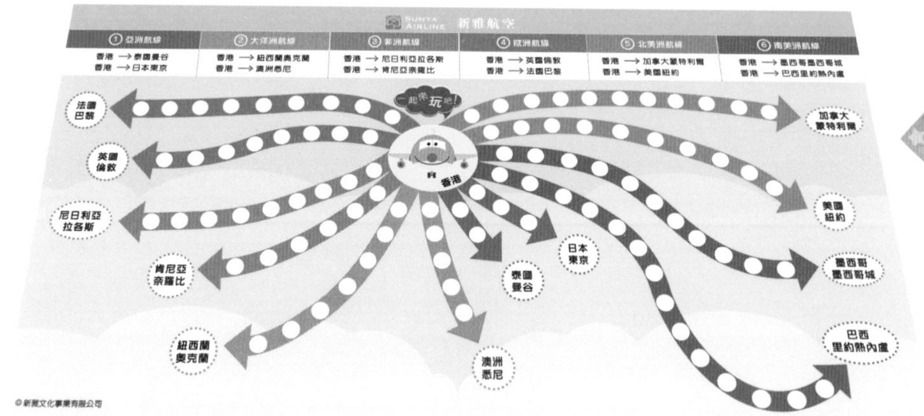

熱身

1 與孩子談一談棋盤上香港至各洲或地區的航線，例如：

- 洲或地區：共分 6 個區域，分別是：亞洲、大洋洲、非洲、歐洲、北美洲、南美洲
- 飛機航線：共 12 條

2 提問孩子有關目的地或飛機航線的問題，例如：

- 哪條航程最短？（往泰國的曼谷）
- 哪條航程最長？（往巴西的里約熱內盧）
- 倫敦屬於什麼航線？（歐洲航線）
- 大洋洲航線有哪些城市？（紐西蘭的奧克蘭、澳洲的悉尼）

備註：棋盤上各航線的長短參考自香港與各目的地之間的距離，並非真實的航行時間。

玩法

1 商議目的地：每局開始前，先商議目的地。遊戲初期可設定短途飛機航線，後期可設定長途飛機航線。

2 購買機票：正式展開航程前，玩家必須購買機票，方法是擲骰子，按骰子點數在「新雅航空公司」前進。如設定的目的地是泰國曼谷，投擲「1」即可購買機票往泰國曼谷；如設定的目的地是美國紐約，投擲「2」+「3」，即可購買機票往美國紐約；如此類推。

3 設定前進規則：如孩子年紀尚小，可簡單地按骰子的點數前進，即使投擲的點數超越目的地，也算成功到達終點。如孩子玩了數次後，便可引入超越目的地便要轉乘回程路線的規則。

4 回答問題：如投擲到 ★，便要抽取一張挑戰卡，並回答有關交通安全或乘搭飛機禮儀的問題。答對可再次擲骰子，答錯則罰停一次。

5 最快到達終點者勝出。

挑戰卡答案

Q1 請說出其中一種不可放在手提行李的物品。
刀/剪刀/鎚子/扳手/球棒或球拍/煙花/大瓶液體/任何合理的答案。

Q2 旅客如果想攜帶小瓶液體上機，必須先如何處理？
放入可密封的透明膠袋。

Q3 旅客進入機場禁區時必須出示什麼？
有效的護照和登機證。

Q4 為何旅客出境時必須通過海關的安全檢查？
確保身上和手提行李裏均沒有危險物品。

Q5 乘客怎樣知道坐在飛機上哪個座位？
查看登機證上的座位編號。

Q6 手提行李應該放在飛機客艙的什麼位置？
客艙上方的行李櫃。

Q7 飛機快要起飛時乘客要做什麼？
返回自己的座位扣上及拉緊安全帶，並收拾小桌子和調節椅背至垂直的位置。

Q8 乘客在什麼時候不可以在飛機上使用智能電話、平板電腦等電子產品？
飛機起飛的時候及飛機降落的時候。

Q9 飛機遇到氣流或惡劣天氣時空中服務員會要求乘客做什麼呢？
返回自己的座位扣上及拉緊安全帶/採取防止衝擊的姿勢/任何合理的答案。

Q10 使用逃生滑梯時乘客不可以穿着和攜帶什麼呢？
不可以穿着任何尖銳的物品，也不可以攜帶任何行李。

Q11 乘客不可以在飛機上做什麼？
不可以站在通道上/吸煙/騷擾其他乘客/任何合理的答案。

Q12 乘客進食餐點後應該怎樣處理食物盤？
整理後待交給空中服務員收拾。

Q13 乘客使用飛機上的洗手間時要注意什麼？
不要把衞生紙或其他物品丟進座廁/排隊輪候/任何合理的答案。

Q14 飛機上有哪些工作人員呢？
機長/副機長/空中服務員/任何合理的答案。

Q15 乘客落機時不可以取去什麼呢？
飛機上的枕頭、毛毯、餐具等/任何合理的答案。

Q16 為何旅客入境時必須通過海關的安全檢查？
確保身上和手提行李裏均沒有危險物品或違禁物品/任何合理的答案。

＊以上答案僅供參考。

請沿線撕下，並製成骰子。

骰子

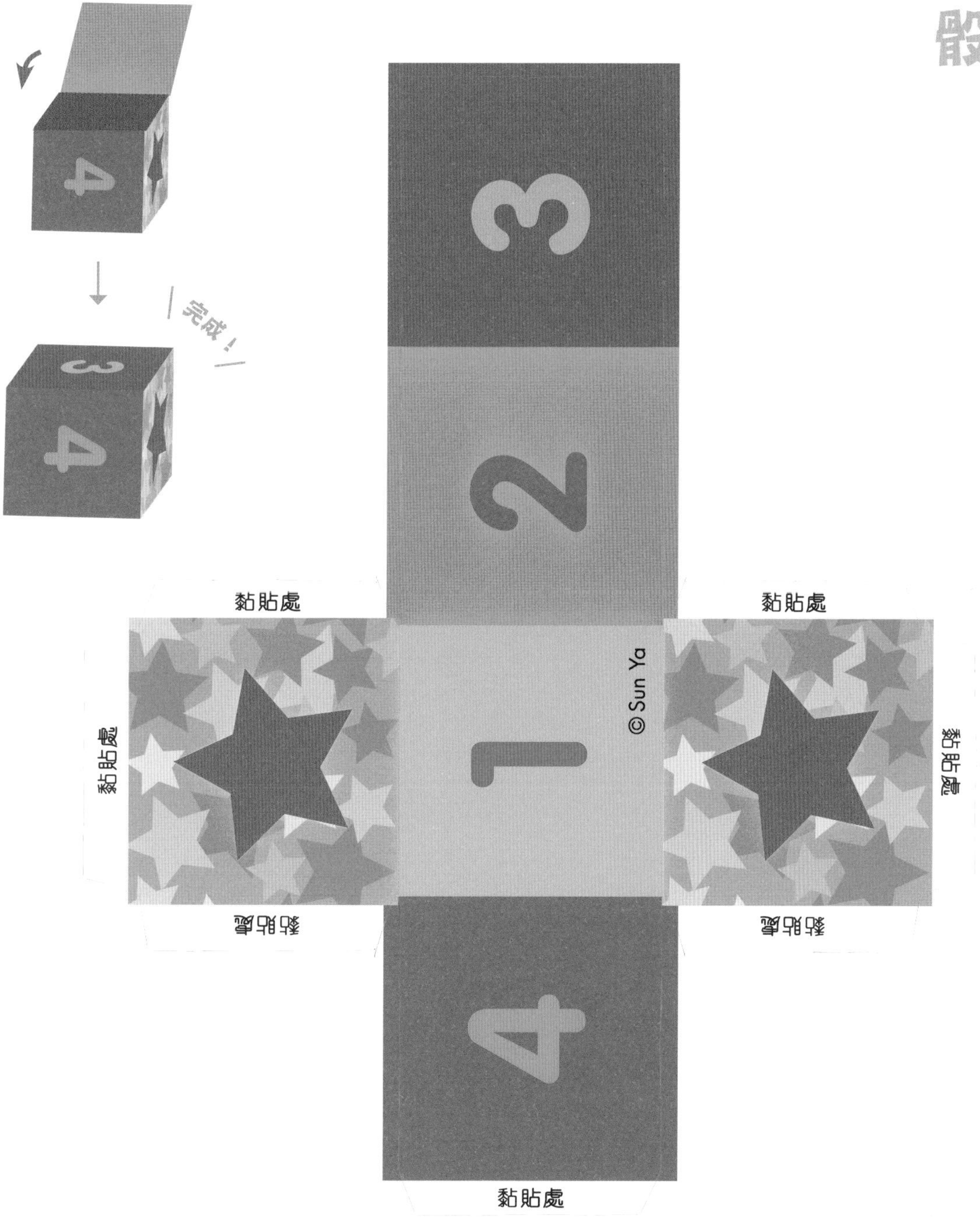
4
4
3
完成！
3
2
1
4
黏貼處
黏貼處
黏貼處
黏貼處
黏貼處
黏貼處
黏貼處
© Sun Ya

請沿線撕下，並製成棋子。

棋子

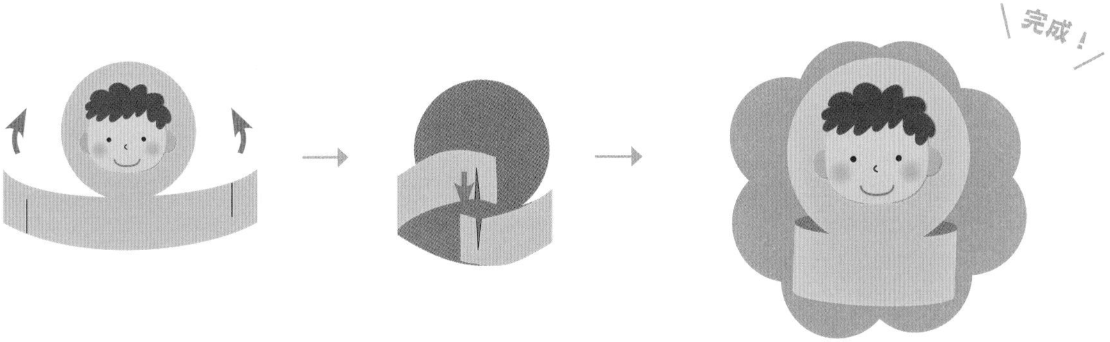

請沿線撕下，並製成問答卡。

Q1 請說出其中一種不可放在手提行李的物品。

Q2 旅客如果想攜帶小瓶液體上機，必須先如何處理？

Q3 旅客進入機場禁區時必須出示什麼？

Q4 為何旅客出境時必須通過海關的安全檢查？

Q5 乘客怎樣知道坐在飛機上哪個座位？

Q6 手提行李應該放在飛機客艙的什麼位置？

Q7 飛機快要起飛時乘客要做什麼？

Q8 乘客在什麼時候不可以在飛機上使用智能電話、平板電腦等電子產品？

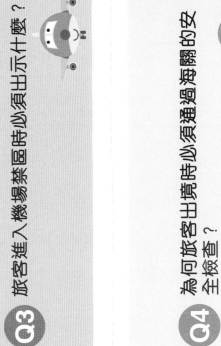

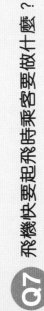

挑戰卡

挑戰卡

© Sun Ya

挑戰卡

© Sun Ya

挑戰卡

© Sun Ya

挑戰卡

© Sun Ya

挑戰卡

© Sun Ya

挑戰卡

© Sun Ya

挑戰卡

© Sun Ya

請沿線撕下，並製成紙卡。

Q9 飛機遇到氣流或惡劣天氣時空中服務員會要求乘客做什麼呢？

Q10 使用逃生滑梯時乘客不可以穿着和攜帶什麼呢？

Q11 乘客不可以在飛機上做什麼？

Q12 乘客進食餐點後應該怎樣處理食物盤？

Q13 乘客使用飛機上的洗手間時要注意什麼？

Q14 飛機上有哪些工作人員呢？

Q15 乘客落機時不可以取去什麼呢？

Q16 為何旅客入境時必須通過海關的安全檢查？

挑戰卡

挑戰卡

© Sun Ya

挑戰卡

© Sun Ya

挑戰卡

© Sun Ya

挑戰卡

© Sun Ya

挑戰卡

© Sun Ya

挑戰卡

© Sun Ya

挑戰卡

© Sun Ya

挑戰卡

© Sun Ya